Das große Buch der

Fensterbilder

Das große Buch der Fensterbilder

Heidi Dopheide
Rita Gersch
Meike Hoppe
Dieter Köhnen
Monika Neubacher-Fesser
Doris Ritschel
Helma Rossow

FALKEN

Inhalt

Vorwort

Fensterbilder sind ein preiswertes und beliebtes Hobby für große und kleine Bastler. Sie eignen sich als bunter, origineller Raumschmuck, Tür- und Fensterdekoration und bereiten auch als Geschenk viel Freude. Material und Werkzeug sind für dieses Hobby – wenn nicht sowieso schon im Haushalt vorhanden – nicht teuer, und der Phantasie und dem Vergnügen sind keine Grenzen gesetzt.
Man kann als Vorlage im Grunde alle Motive verwenden, die man nach- oder abzeichnen kann. Die Auswahl in diesem Buch reicht von ganz einfachen Bildern, die auch von Kindern problemlos nachgearbeitet werden können, bis hin zu anspruchsvollen und filigranen Arbeiten. Bei der Vielzahl der Motive in diesem Buch ist sicherlich für jeden Geschmack das Passende dabei. Die Vorlagen von allen Fensterbildern sind in Originalgröße im Anhang des Buches oder auf dem beiliegenden Vorlagebogen vorhanden.

Wir wünschen Ihnen viele schöne Bastelstunden!

Vom Motiv zum fertigen Fensterbild

Im nachfolgenden Buch stellen wir Ihnen eine Vielzahl von farbenfrohen Motiven vor, aus denen Sie mit wenig Materialaufwand und ein bißchen Freude am Basteln sehr dekorative Fensterbilder herstellen können. Je nach Motiv ist auch der Schwierigkeitsgrad des Nacharbeitens unterschiedlich, aber – keine Angst – für dieses Hobby müssen Sie kein Künstler im Umgang mit Schere und Klebstoff sein.

Wir haben Ihnen das Nacharbeiten der Motive im wesentlichen dadurch erleichtert, daß alle Motivvorlagen ohne Überschneidungen und in Originalgröße abgebildet sind. In den folgenden Kapiteln erhalten Sie nützliche Informationen und Tips, die Ihnen beim Anfertigen von Fensterbildern hilfreich sein sollen.

Material und Werkzeug

Für Fensterbilder können Sie im Prinzip jede Art von Papier verwenden. Auch Moosgummi oder Wellpappe sind Materialien, mit denen sich viele Fensterbildermotive interessant variieren lassen.

Das brauchen Sie:

In diesem Buch stellen wir Ihnen Modelle vor, die überwiegend aus **Fotokarton** oder **Tonkarton** gefertigt sind. Er ist relativ stabil und eignet sich ausgezeichnet für Rahmenformen oder für ungerahmte Figuren. Wenn etwas vollflächig aufgeklebt werden soll, kann man dafür auch sehr gut das etwas dünnere **Tonpapier** nehmen. Beide Sorten gibt es in vielen Farben in Deko- oder Hobbyläden, Kaufhäusern und Schreibwarengeschäften zu kaufen.

Die Bögen sind nicht allzu teuer, so daß Sie sich einen größeren Vorrat an unterschiedlichen Farbtönen zulegen können. Dabei sind Sie farblich natürlich nicht an unsere Modellvorlagen gebunden. Besorgen Sie sich außerdem ein Sortiment von **Transparent-** und **Regenbogenpapier,** das Sie für einige Fensterbilder in diesem Buch benötigen.

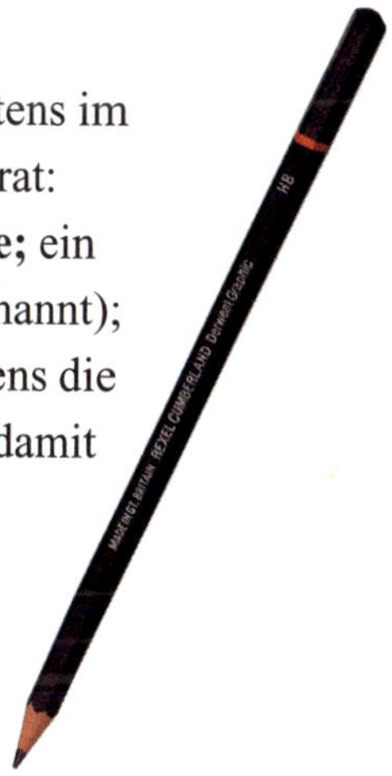

Das nötige Werkzeug hat man meistens im Hause. Legen Sie sich folgendes parat: Eine große und kleine **Papierschere;** ein **Schneidemesser** (auch Cutter genannt); eine **Unterlage,** die mindestens die Dicke von Plakatkarton hat, damit Arbeitstisch oder -platte nicht beschädigt werden; ein **Stahllineal** und **Geodreieck** für gerade Linien und Schnitte; einen **Zirkel** zum Vorzeichnen größerer Kreise und Bögen; einen **mittelweichen Bleistift** (HB bis 2B) für das Durchzeichnen der Motivvorlagen; einen **Radiergummi** zum Wegradieren von Vorzeichnung und Kleberresten; **Klebeband** oder **Büroklammern,** um zwei Bogen aufeinander zu fixieren; **Filzstifte** zum Malen von Details; **Klebstoff; Pergament-** oder **Kohlepapier** zum Abpausen und Übertragen der Vorlagen (dafür eignet sich auch „Butterbrotpapier" gut); einen **Locher,** mit dem man aus Papierreststücken kleine Kreise fertigt; transparentes **Garn** zum Aufhängen der fertigen Fensterbilder.

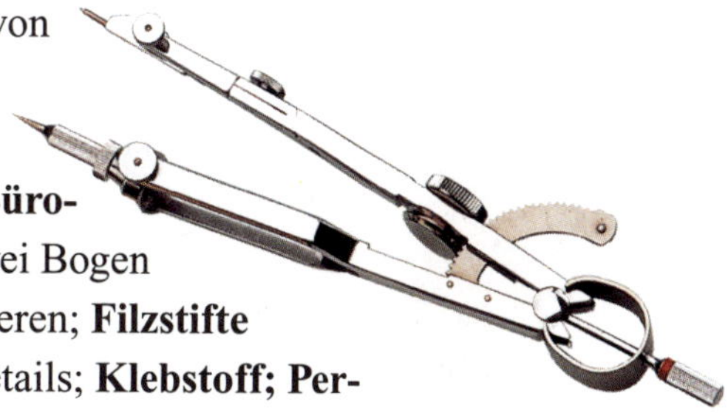

Wenn Sie alles Nötige beisammen haben, kann es eigentlich losgehen. Wichtig ist noch, daß Sie auf einem genügend großen **Arbeitstisch** und bei **guten Lichtverhältnissen** arbeiten können.

Grundtechniken und Herstellung

Die Gestaltung und Herstellung von Fensterbildern kann in zwei Grundtechniken erfolgen, die natürlich auch kombinierbar sind. Darüber hinaus können Sie aber auch eigene Ideen entwickeln, denn der Phantasie sind keine Grenzen gesetzt.

Positivtechnik

Bei der Positivtechnik schneidet man das Motiv aus Tonpapier oder Fotokarton aus; das Bild wird also nur durch das Material selbst dargestellt. In der einfachsten Art ist es einfarbig.
Eine Ausweitung und Bereicherung dieser Arbeitsweise ist die **Schichttechnik:** Man klebt verschiedene Papier- oder Kartonteile aufeinander. Dadurch erreicht man eine stärkere Plastizität der einzelnen Objekte, man kann sie reichhaltiger und mit vielen Farben gestalten. Die meisten Fensterbilder dieses Buches werden auf diese Weise gebastelt. Das bedeutet aber auch, daß man viele Teile doppelt arbeiten muß, damit das fertige Fensterbild sowohl in den Raum hinein als auch nach außen hin richtig wirken kann. Bei doppelt zu schneidenden Motivteilen sollte man das Material aufeinander legen und anschließend die Teile mit einem Schneidevorgang heraustrennen.

Negativtechnik

Wie der Name schon vermuten läßt, wird bei der Negativtechnik etwas weggenommen. Aus der Vorzeichnung auf dem Fotokarton werden Teile des Motivs ausgeschnitten, die später am Fenster einfach offen bleiben. Das Motiv wird durch die freien Flächen dargestellt. Wenn dabei von dem Bildmotiv so viel weggeschnitten wird, daß die verbleibenden Kartonteile wie Konturen und Liniengerüste wirken, spricht man auch von der **Stegetechnik.** Bei der Negativ- und Stegetechnik kann man die offenen Motivflächen mit andersfarbigem Tonpapier oder Transparentpapier hinterkleben. In diesem Fall muß man das Grundgerüst zweimal ausschneiden und die bunten Papierteile dazwischen montieren. Auf den Seiten 66, 68, 69, 70 und 71 finden Sie Beispiele für die Negativtechnik.

Motivvorlagen übertragen

Alle Motive, die in diesem Buch vorgestellt werden, sind entweder im Anhang oder auf dem Vorlagebogen aufgezeichnet und können leicht nachgearbeitet werden. Beim Übertragen der Vorlage empfiehlt sich, folgendermaßen vorzugehen:
Legen Sie ein passendes Stück Pergamentpapier über die Vorlagezeichnung und fixieren Sie es am Rand mit Klebestreifen oder Büroklammern, damit es nicht verrutschen kann. Dann zeichnen Sie mit einem *weichen* Bleistift alle Linien durch. Nehmen Sie das Pergamentpapier von der Vorlage ab, und legen Sie es umgekehrt auf den Fotokarton oder das Tonpapier, aus dem Sie das erste Teil ausschneiden wollen; die Bleistiftlinien liegen unten. Die Motivkonturen der ausgewählten Form zeichnen Sie auf dem Pergamentpapier nach, dadurch zeichnen sich die Bleistiftlinien auf dem farbigen Papier ab.

Motivteile ausschneiden

Benutzen Sie dazu am besten eine Papierschere oder einen Cutter. Mit der Schere schneidet man immer von außen nach innen. Für Innenteile stößt man ein kleines Loch ins Papier und fährt dann mit der Schere langsam auf die Innenkontur zu. Man dreht das Stück Papier immer so mit der freien Hand, daß die Schnittrichtung der Schere etwa gleich bleibt. Mit etwas Übung kann

man auf diese Weise sehr exakte Kurven und Figuren schneiden.
Kleinere Kinder sollten in jedem Fall nur mit der Schere arbeiten, denn der Cutter hat eine sehr scharfe Klinge; mit ihm schneidet man stets von innen nach außen. Dabei dreht man das Motivteil mit der freien Hand so auf der schnittfesten Unterlage, daß der Cutter immer gleich gehalten werden kann. Wenn man das Messer senkrecht hält, entstehen kaum noch Grate. Sind diese dennoch einmal zu sehen, kann man sie mit dem Fingernagelrücken oder einem Falzbein leicht glattdrücken.
Ist der Cutter stumpf geworden, bricht man einfach das vordere Segment heraus, und schon hat man wieder eine scharfe Klinge. Da man die meisten Teile doppelt braucht, kann man sehr viel Zeit sparen, wenn man zwei Stücke Tonpapier übereinanderlegt, sie eventuell mit Klebestreifen oder Büroklammern fixiert und beide direkt in einem Arbeitsgang schneidet.

Motivteile zusammenkleben

Ordnen Sie die ausgeschnittenen Motivteile entsprechend der Vorlage an. Wenn Sie die Teile dabei auf das Pergamentpapier mit der abgepausten Motivvorlage legen, macht das Positionieren der Einzelteile kaum Mühe. Dann kleben Sie die Teile für die Vorderseite Stück für Stück aufeinander. Anschließend drehen Sie das Fensterbild um und kleben die anderen Teile spiegelverkehrt dagegen.

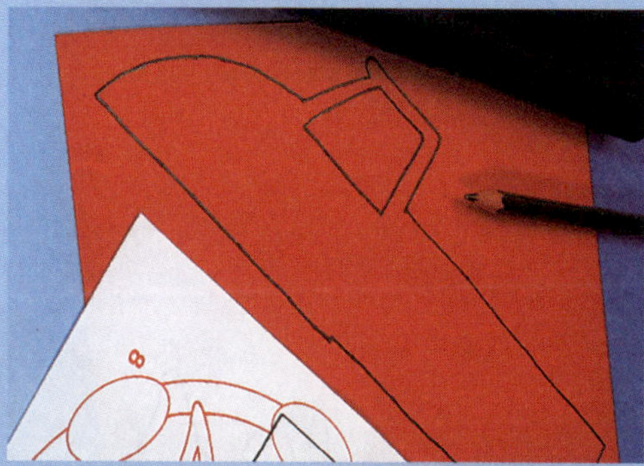

Übertragen Sie das gewünschte Motiv mit Pergament- oder Kohlepapier von der Vorlagezeichnung auf den Fotokarton

Schneiden Sie das Motiv nun mit einem Cutter oder mit einer Papierschere aus

Legen Sie alle Teile zurecht, bis Sie mit der Anordnung zufrieden sind

Kleben Sie Stück für Stück aufeinander, bis das Fensterbild komplett ist

Tip

Verwenden Sie Klebstoff stets sparsam. Sollten Sie ihn einmal daneben tropfen, können Sie ihn, solange er noch feucht ist, mit einem Radiergummi wegradieren. Bereits erhärteter Klebstoff läßt sich nur noch vorsichtig mit einem Cutter abkratzen.

Kunterbunte Tierwelt

Bärchen am Strand

Den Rahmen je einmal aus Fotokarton schneiden; Bären, Sonne und Schaufeln ebenfalls aus Fotokarton, jedoch zweimal zuschneiden. Sonnenbrille, Badehose, Schuhe und Eimer werden je zweimal aus Regenbogenpapier angefertigt. Die Brillengläser sind mit schwarzem Fotokarton hinterklebt.

Vorlage auf Seite 72

Bärchen im Boot

Für dieses Fensterbild werden alle Teile aus Fotokarton ausgeschnitten. Bis auf das rote Boot benötigt man alle Motivteile doppelt, damit das Fensterbild von beiden Seiten hübsch anzusehen ist. Die Details für Gesicht und Kleidung zeichnen Sie mit schwarzem Filzstift auf.

Vorlage auf Seite 73

Regenbärchen

Bis auf den gelben Regenmantel und die Gummistiefel werden hierfür alle Teile doppelt aus Fotokarton ausgeschnitten. Die Regenkleidung ist aus einem zusammenhängenden Stück Tonpapier hergestellt, ebenso die Grundfläche. Alle anderen Teile werden je einmal auf die Vorder- und Rückseite aufgeklebt, damit das Fensterbild von beiden Seiten gleich aussieht.

Vorlage auf Seite 74

Schlittenbärchen

Alle Teile aus Fotokarton schneiden. Den Schlitten und die zusammenhängenden Bärenkörper einmal anfertigen; die den Schlitten berührenden Tatzen und alle sonstigen Teile zweimal ausschneiden.

Vorlage auf Seite 75

Schnecke

Diese niedliche bunte Schnecke ist ein schönes Motiv für Kinder. Alle Teile werden einmal aus Fotokarton ausgeschnitten und aufeinandergeklebt. Will man ein beidseitig gleich aussehendes Bild, benötigt man alle Teile, bis auf die Fühler, doppelt.

Vorlage auf Seite 76

Pinguin mit Schal

Auch dieses Motiv ist einfach von Kindern nachzuarbeiten. Der schwarze Pinguinkörper, Schnabel und Füße werden einmal zugeschnitten; Auge, weißer Körper und der Schal müssen doppelt angefertigt werden.

Vorlage auf Seite 77

Känguruh

Das Känguruh samt Baby besteht aus einem Teil braunen Fotokartons. Lediglich der rote Anzug und der Schal werden auf der Vorder- und Rückseite des Känguruhs aufgeklebt. Die Arme entstehen durch die entsprechend ausgesparte Form im Anzug.

Vorlage auf Seite 78

Elefant

Ein einfach nachzuarbeitendes Motiv für Kinder. Der Elefantenkörper wird in einem Stück und nur einmal ausgeschnitten. Alle anderen Teile benötigen Sie doppelt und kleben sie beidseitig auf den Elefantenkörper.

Vorlage auf dem Vorlagebogen Seite A

Nilpferd Lilo

Alle Teile sind aus Fotokarton gearbeitet. Der Körper besteht aus einem Stück; Vorder- und Rückseite werden identisch beklebt.

Vorlage auf Seite 79

Baby Nils

Bis auf die Ohren und Arme werden für dieses Motiv alle Teile zweimal aus Fotokarton ausgeschnitten. Das Fensterbild sieht von beiden Seiten gleich aus.

Vorlage auf Seite 80

Bärchen mit Pudelmütze

Nur die grüne Hose muß einmal zugeschnitten werden; alle anderen Motivteile werden zweimal benötigt, damit das Bärchen auf beiden Seiten gleich aussieht.

Vorlage auf Seite 81

Pinguin mit Hut

Flügel, Stock und Beine werden nur einmal benötigt; alle anderen Teile brauchen Sie zur Gestaltung der Vorder- und Rückseite doppelt.

Vorlage auf Seite 82

Elefant im Auto

Der Grundkörper des Elefanten besteht aus nur einem Stück Fotokarton; Ohren und alle Teile des Autos müssen doppelt zugeschnitten werden.

Vorlage auf Seite 82

Schmetterlinge

Bei diesen Schmetterlingen wird nichts geklebt; sie bestehen jeweils aus einem einfarbigen Stück Fotokarton. Die Musterungen, Körper und Fühler werden zum Schluß mit Farbe aufgemalt; die gepunkteten Linien der Vorlagezeichnungen sind Aussparungen, die mit Hilfe eines Schneidemessers herausgeschnitten werden.

Vorlage auf Seite 83 und 84

Clownparade

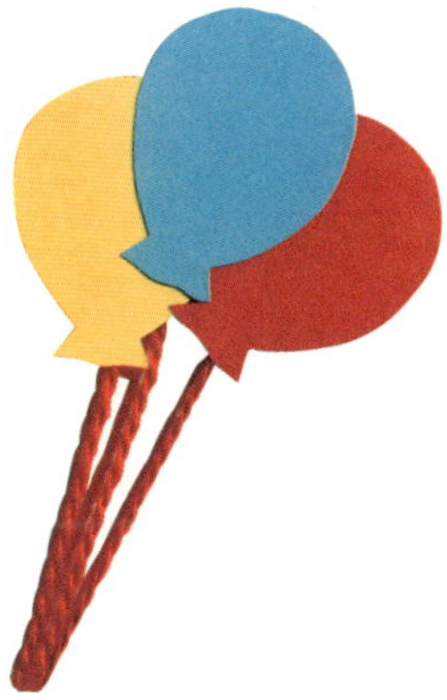

Pippo

Schuhe, Hände, Schirm und Haare müssen nur einmal aus Fotokarton zugeschnitten werden; alle anderen Teile benötigen Sie doppelt, damit Vorder- und Rückseite gleich gestaltet werden können.

Vorlage auf Seite 85

Merlin

Alle Teile bis auf Pullover und Hose doppelt aus Fotokarton ausschneiden; Pullover und Hose nur einmal. Sterne nach Belieben aufkleben.

Vorlage auf Seite 86

Otto

Haare, Hände und Strümpfe nur einmal aus Fotokarton ausschneiden; die restlichen Teile doppelt anfertigen und jeweils gegengleich aufkleben.

Vorlage auf Seite 87

Oskar

Schuhe und Hände werden nur einmal benötigt; alle anderen Teile zweimal ausschneiden, und Vorder- und Rückseite des Motives gleich gestalten.

Vorlage auf Seite 88

Rosa

Blümchen, Kopf, obere Ärmelhälften und Schuhe nur einmal aus Fotokarton ausschneiden; alle anderen Teile doppelt anfertigen, und Vorder- und Rückseite gegengleich bekleben.

Vorlage auf Seite 89

Ronaldo

Alle Motivteile aus Fotokarton zuschneiden; Haare, seitlich herausragende Hand und Schuhe nur einmal, alles andere doppelt, damit die Figur von beiden Seiten gleich aussieht.

Vorlage auf Seite 90

Pumuckl

Vorder- und Rückseite sehen gleich aus. Dazu die obere Gesichtshälfte und die Schuhe nur einmal aus Fotokarton ausschneiden, alle anderen Teile doppelt anfertigen. Die Haare am besten mit einem Schneidemesser zuschneiden.

Vorlage auf Seite 91

Pipps

Haare, rechte Hand und Schuhe nur einmal aus Fotokarton zuschneiden, alle anderen Motivteile doppelt. Vorder- und Rückseite gleich gestalten. Die kleinen Herzchen mit Plusterfarben auftragen. Die Luftballons an Wollfäden befestigen.

Vorlage auf Seite 92

Blumen-zauber

Blumenkörbchen

Den Korb einmal aus Fotokarton ausschneiden. Die beiden grünen Formen in unterschiedlichen Farben jeweils doppelt ausschneiden und versetzt auf beiden Seiten des Korbes ankleben. Die großen Blumen bestehen aus zwei Teilen: je achtmal ein großes und ein kleines Blumenteil doppelt ausschneiden, das große Teil auf das kleine kleben. Die kleinen Blumen jeweils doppelt in einer Farbe zuschneiden, die Blütenblätter etwas nach vorn biegen, in die Mitte einen gelben Punkt kleben. Die kleine Blumenranke doppelt aus grünem Tonpapier ausschneiden und mit kleinen und großen Blumen bekleben. Die Schleife, alle Blumen und die Blumenranke auf der Vorder- und Rückseite des Korbes anbringen.

Vorlage auf Seite 93

Blumenballerina

Den Rahmen und die Ballerina einmal aus Fotokarton schneiden. Kleid und Haare doppelt aus Tonpapier anfertigen. Straßsteinchen auf Kleid und Haar kleben. Die grünen Ranken und die Blumen wie abgebildet auf beiden Seiten des Rahmens anbringen, gelbe und weiße Punkte in die Mitte der Blumen kleben. Die Blütenblätter leicht nach vorn biegen. Die Ballerina in den Rahmen hängen.

Vorlage auf Seite 94

Blütenbogen

Die Grundform des Bogens aus Stabilitätsgründen dreimal aus Fotokarton ausschneiden und sorgfältig aufeinanderkleben. Die Blätter fünfmal doppelt in Dunkelgrün, je sechsmal doppelt in Hell- und Mittelgrün aus Tonpapier schneiden. Die großen und mittleren Blumen je fünfmal pro Farbe doppelt, die kleinen Blüten zehnmal ausschneiden. Die Blüten mit je einem gelben Punkt als Blütenmitte bekleben und die Blütenblätter etwas aufbiegen. Die Schleifen zweimal doppelt aus weißem Tonpapier ausschneiden und an beiden Seiten des Bogens anbringen. Anschließend die Blätter wie abgebildet auf beiden Seiten des Bogens von außen nach innen schuppenartig aufkleben. Nach dem Trocknen die Blüten zwischen, beziehungsweise auf die Blätter kleben.

Vorlage auf Seite 95

Blumenfenster

Das Fenster doppelt aus Fotokarton schneiden, sorgfältig aufeinanderkleben und ein Stück Spitze mit einkleben. Alle anderen Teile doppelt aus Tonpapier zuschneiden. Das Gras vorsichtig längs einschneiden und seitenverkehrt aneinanderkleben. Die Blumen in jeder Farbe dreimal jeweils doppelt ausschneiden, die Blüten etwas nach vorn biegen und gelbe Locherpunkte in die Mitte setzen. Die Vögel auf jeder Seite des Fensters, vorn und hinten, ankleben.

Vorlage auf Seite 96

Blütenkranz

Aus Fotokarton einen „Trägerkranz" doppelt ausschneiden und aufeinanderkleben; dabei die Blattspitzen auslassen, damit man sie etwas aufbiegen kann. Die Blätter je sechsmal in Hell- und Dunkelgrün doppelt zuschneiden, in der Mitte knicken und beidseitig, vorn und hinten, auf den Kranz aufkleben. Die großen Blüten bestehen aus jeweils einer kleinen und einer großen Blütenform aus Regenbogenbuntpapier. Die kleinen Blüten jeweils aus zwei kleinen Formen ausschneiden. Beide Formen versetzt aufkleben, und in die Mitte jeweils einen gelben Tonpapierpunkt kleben. Die Blüten auf dem Blätterkranz anordnen und nach Belieben Haferähren einkleben.

Vorlage auf Seite 97

Sonnenblumen

Alle Teile des Fensterbildes aus Fotokarton ausschneiden; den orangefarbenen Ring und das Blattgrün je einmal, die Blütenteile je zweimal. Vorder- und Rückseite des Bildes gleich gestalten. Damit die Blüten plastischer wirken, die Blütenblattumrandung und die Blütenmitte mit Plusterfarben bemalen.

Vorlage auf Seite 98

Tulpen und Narzissen

Mit diesem Motiv aus einfarbigem Fotokarton können Sie eine ganze Fensterfront schmücken. Befestigen Sie beliebig viele Schmetterlinge an transparenten Fäden, und lassen Sie diese über der Blumenwiese „fliegen“.

Vorlage auf dem Vorlagebogen Seite A

Mohnblumenkranz

Alle Teile aus Fotokarton ausschneiden, und die Blüten gleichmäßig auf der Vorder- und Rückseite des grünen „Trägerkranzes“ anordnen. Die Schleife zwischen die beiden Kranzformen kleben.

Vorlage auf Seite 99

Osterglocken

Alle Teile werden aus Fotokarton ausgeschnitten: Blüten und Schmetterlinge je zweimal, das Grün nur einmal.

Vorlage auf Seite 100

Blumen im Rahmen

Diese beiden Blumenrahmen können Sie miteinander verbunden herstellen oder als Einzelmotive anfertigen. Alles wird aus Fotokarton geschnitten: die Blüten je zweimal, das Blattgrün und der Rahmen einmal.

Vorlage auf Seite 101

Sommerstrauß

Dieses Motiv eignet sich auch sehr schön als gerahmtes Wandbild. In diesem Fall müssen Sie nur die Vorderseite des Rahmens bekleben. Als Fensterbild schneiden Sie den Rahmen und das Blattgrün nur einmal aus Fotokarton aus, die anderen Teile müssen dann doppelt angefertigt werden.

Vorlage auf Seite 102

Osterhase & Co

Eiertransport

Dieser flotte Hase fährt ja wohl hoffentlich mit Katalysator. Alle Teile werden aus Fotokarton ausgeschnitten; die Eier, das Lenkrad und der Baumstamm einmal, alle anderen Teile zweimal.

Vorlage auf Seite 103

Hasenhubschrauber

Auch Osterhasenfüße müssen geschont werden! Dieser fliegende Eierbote ist vollständig aus Fotokarton gearbeitet: der Luftwirbel, die Eier und das Schwänzchen werden einmal ausgeschnitten, alle anderen Teile brauchen Sie doppelt. Mund, Nase und das Schwarze der Augen sind mit Filzstift aufgezeichnet.

Vorlage auf Seite 104

Osterhase Klecksel

Alle Teile zweimal aus Tonpapier ausschneiden, das blaue und lilafarbene Ei nur einmal. Wenn Sie das Motiv nur einseitig gestalten wollen, ist der stabile Fotokarton für das Herstellen aller Teile besser geeignet.

Vorlage auf Seite 105

Hasenkinder

Diese niedlichen Motive können auch sehr schön für ein Mobile verwendet werden. Alle Teile werden aus Fotokarton ausgeschnitten: die vorderen Ohren, die Eier, orangener Farbeimer, Schwänzchen und Füße einmal, alles andere zweimal.

Vorlage auf Seite 106

Eiköpfer

Das grüne Spielfeld sowie das Ei werden nur einmal aus Fotokarton ausgeschnitten, alle übrigen Bestandteile des Bildes sind doppelt herzustellen.

Vorlage auf Seite 107

Hasenpower

Eine „Wucht“ ist dieses Fensterbild. Alle Teile werden aus Fotokarton doppelt ausgeschnitten. Lediglich die dunkelgrauen Eierschalenflächen brauchen Sie nur einmal. Die Bemalung mit schwarzem Filzstift gibt den letzten Schliff.

Vorlage auf Seite 108

Hoppelhäschen

Ein schönes Motiv, das auch leicht von Kindern nachgearbeitet werden kann. Das Häschen und das Ei nur einmal aus Fotokarton ausschneiden, alle anderen Teile zweimal.

Vorlage auf Seite 109

Gunnar Gans

Diese Ostergans ist komplett aus Fotokarton hergestellt. Nur das Gras wird einfach benötigt, alle anderen Teile müssen doppelt ausgeschnitten werden.

Vorlage auf Seite 110

Weihnachtliche Motive

Weihnachtsfenster

Ein Fensterbild für Fortgeschrittene! Für den Hintergrund des Fenstermotives wird ein Gebäudepanorama aus schwarzem Tonpapier angefertigt. Die gepunkteten Linien auf der Vorlage sind feine Aussparungen, die mit einem Schneidemesser geschnitten werden müssen. Das fertige Panorama auf ein Stück blaues Transparentpapier kleben, und nacheinander den Weihnachtsbaum, die einzelnen Teile des Fensterrahmens, den Weihnachtsstern, das Kerzengesteck, den Mond und die Sterne befestigen.

Vorlage auf Seite 111

Weihnachtskerze

Alle Teile werden aus Fotokarton hergestellt. Die orangefarbene Kerzenform benötigen Sie einmal; Tannengrün, Weihnachtssterne und alle anderen Details müssen je zweimal ausgeschnitten werden.

Vorlage auf dem Vorlagebogen Seite A

Mond und Sterne

Dieser Mond leuchtet besonders schön vor dem Fenster. Schneiden Sie die schwarzen Konturen je zweimal aus Fotokarton aus. Hinterkleben Sie je ein Motivteil mit gelbem Transparentpapier, bevor Sie die zweite schwarze Kontur dagegenkleben.

Vorlage auf dem Vorlagebogen Seite B

Mobile Sonne, Mond und Sterne

Schneiden Sie aus Pappe einen Ring mit einem Außendurchmesser von 23 cm und einem Innendurchmesser von 15 cm. In breite Streifen geschnittenes Seidenpapier etwas knüllen und in mehreren Lagen um den Pappring wickeln. Zum Schluß mit Klebestreifen fixieren. Die Sonnen und Monde mit Gesichtern bemalen und zusammen mit den Sternen auf den Kranz kleben. Die Motive für die herunterhängenden „Ketten“ jeweils doppelt ausschneiden und beim Zusammenkleben den Faden zwischenfassen.

Vorlage auf dem Vorlagebogen Seite B

Engel

Dieser süße Engel ist schnell nachzuarbeiten und dabei ganz einfach in der Herstellung. Alle schwarzen Konturen aus stabilem Fotokarton doppelt ausschneiden. Für das Kleid Regenbogentransparentpapier, für alle anderen Motivteile einfarbiges Transparentpapier auf die Konturen einer Kartongrundform kleben, dann das andere Fotokartonteil darübersetzen. Zum Schluß Gesicht und Kleidertupfen anbringen.

Vorlage auf dem Vorlagebogen Seite B

Weihnachtsmann

Die Arbeitsweise ist die gleiche wie bei dem Engel: alle schwarzen Konturen doppelt aus Fotokarton ausschneiden; bei einem Kartonteil die jeweiligen Motivflächen mit Transparentpapier bekleben. Nase und Wangen entstehen aus einer zusätzlich aufgeklebten Schicht Transparentpapier. Das zweite Kartonteil deckungsgleich gegenkleben.

Vorlage auf dem Vorlagebogen Seite B

Weihnachtshaus

Ein klassisches Beispiel für ein Fensterbild in Negativtechnik: alle Motivteile werden mit einem Schneidemesser aus weißem Fotokarton ausgeschnitten.

Vorlage auf dem Vorlagebogen Seite B

Sterne

Mit einem Schneidemesser
und weißem Fotokarton
können Sie die unterschiedlichsten
Sternformen ausschneiden.

Vorlage auf dem Vorlagebogen Seite A

Vorlage für „Bärchen am Strand"

(Seite 14)

Vorlage für „Bärchen im Boot"

(Seite 15)

Vorlage für „Regenbärchen"

(Seite 16)

Vorlage für „Schlittenbärchen"

(Seite 17)

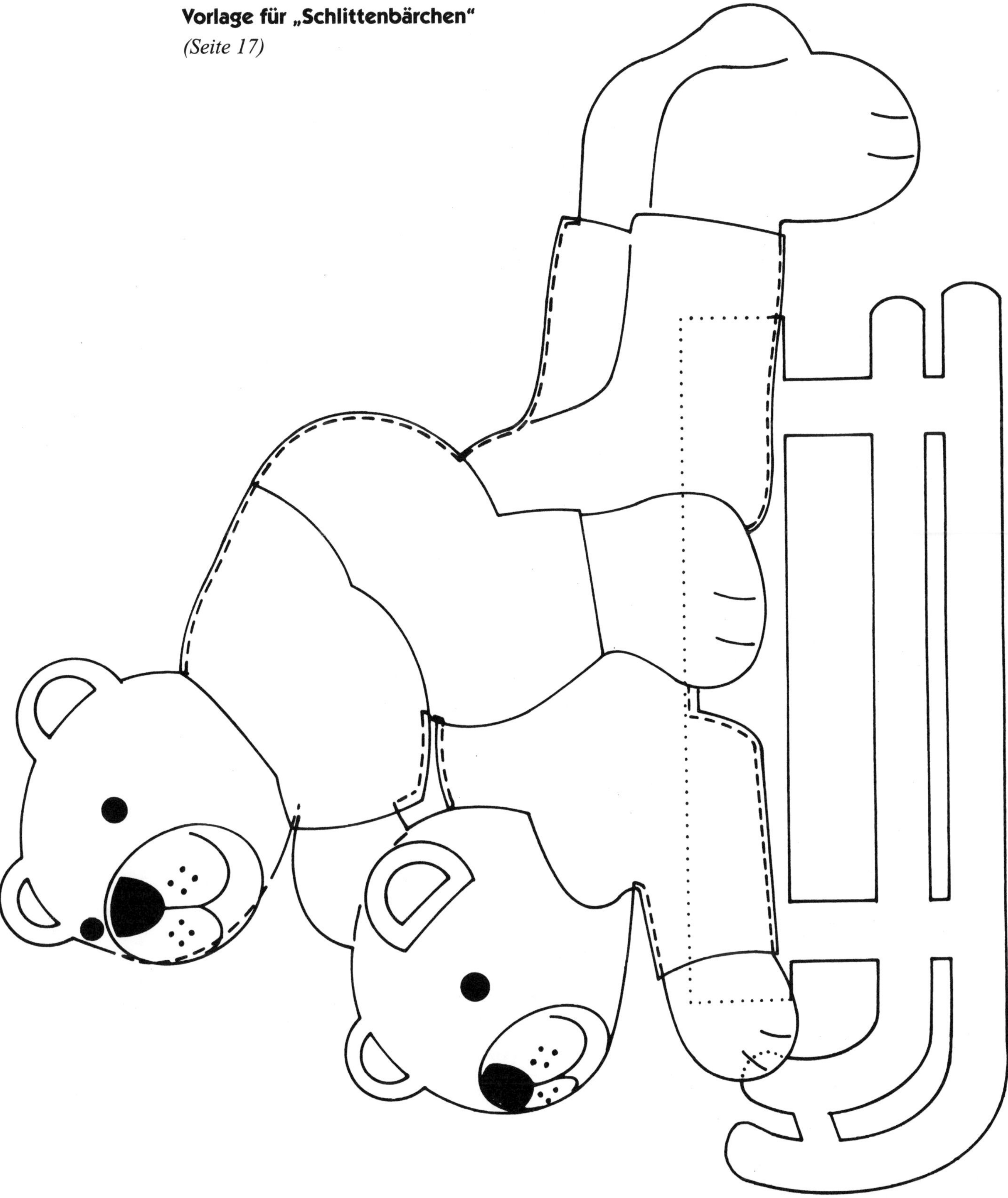

Vorlage für „Schnecke"

(Seite 18)

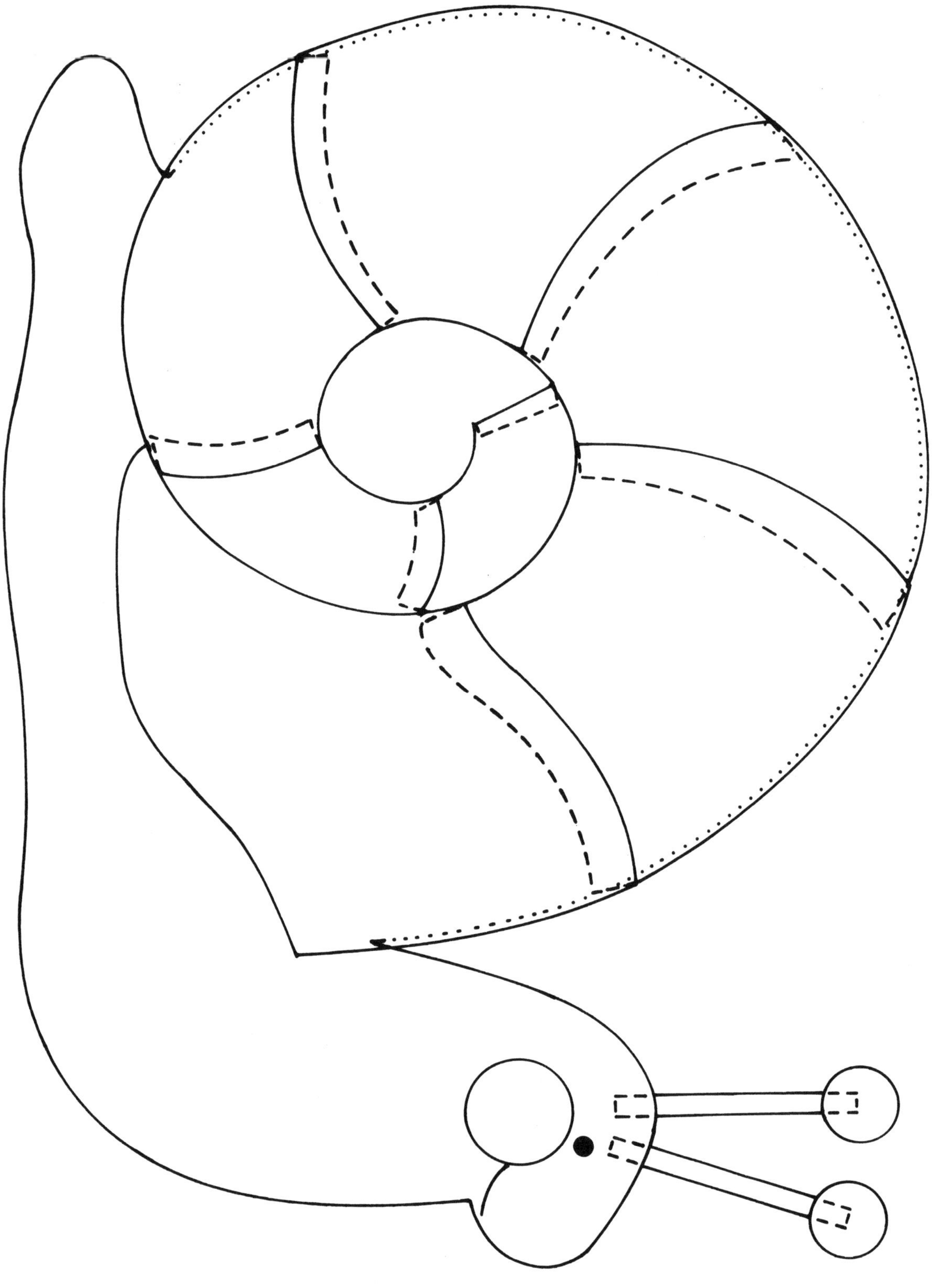

Vorlage für „Pinguin mit Schal"

(Seite 19)

Vorlage für „Känguruh"

(Seite 20)

Vorlage für „Nilpferd Lilo"
(Seite 22)

Vorlage für „Baby Nils"

(Seite 23)

(Seite 23)

Vorlage für „Bärchen mit Pudelmütze"

(Seite 24)

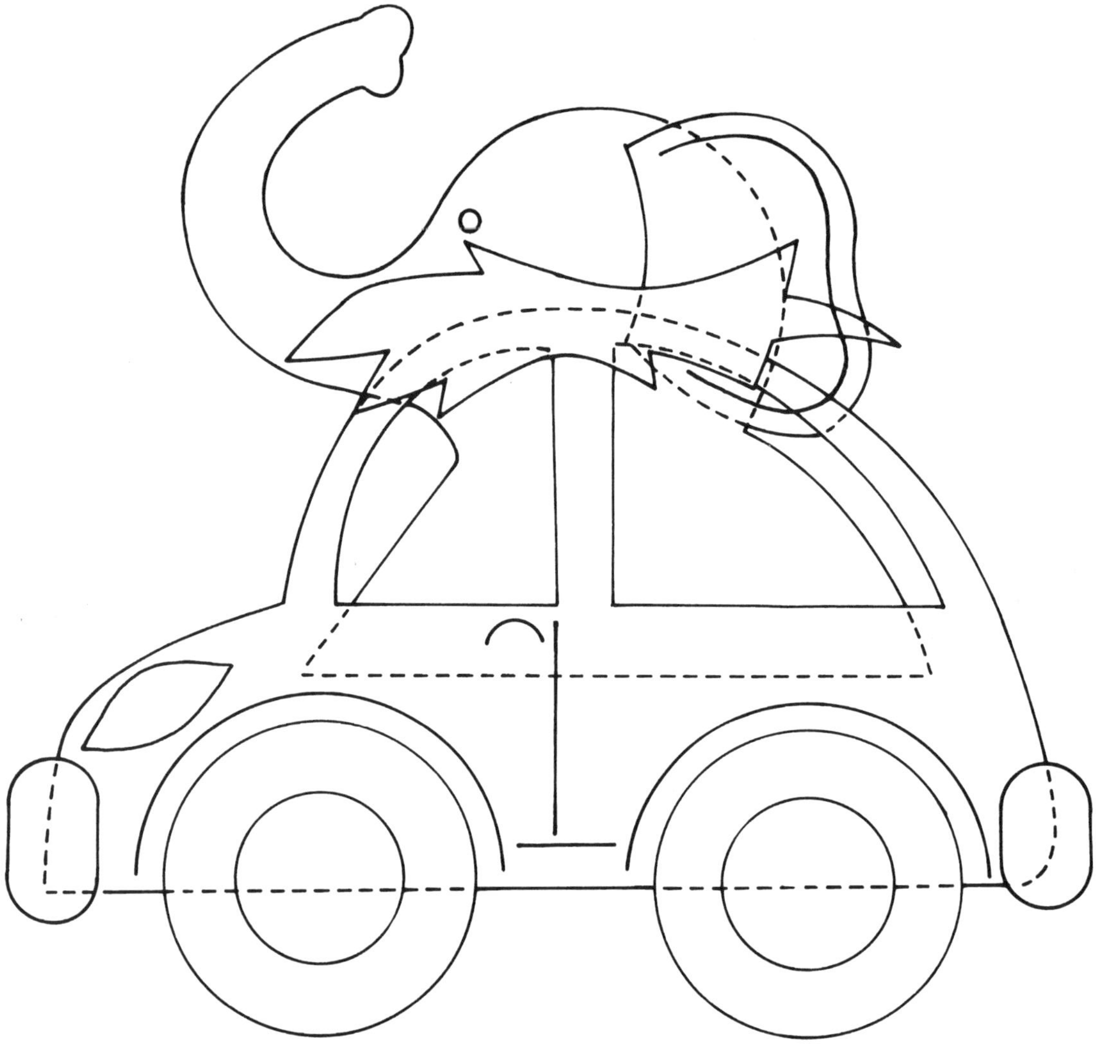

Vorlagen für „Elefant im Auto“ und für „Pinguin mit Hut“

(Seite 25)

Vorlage für „Schmetterlinge"

(Seite 26 und 27)

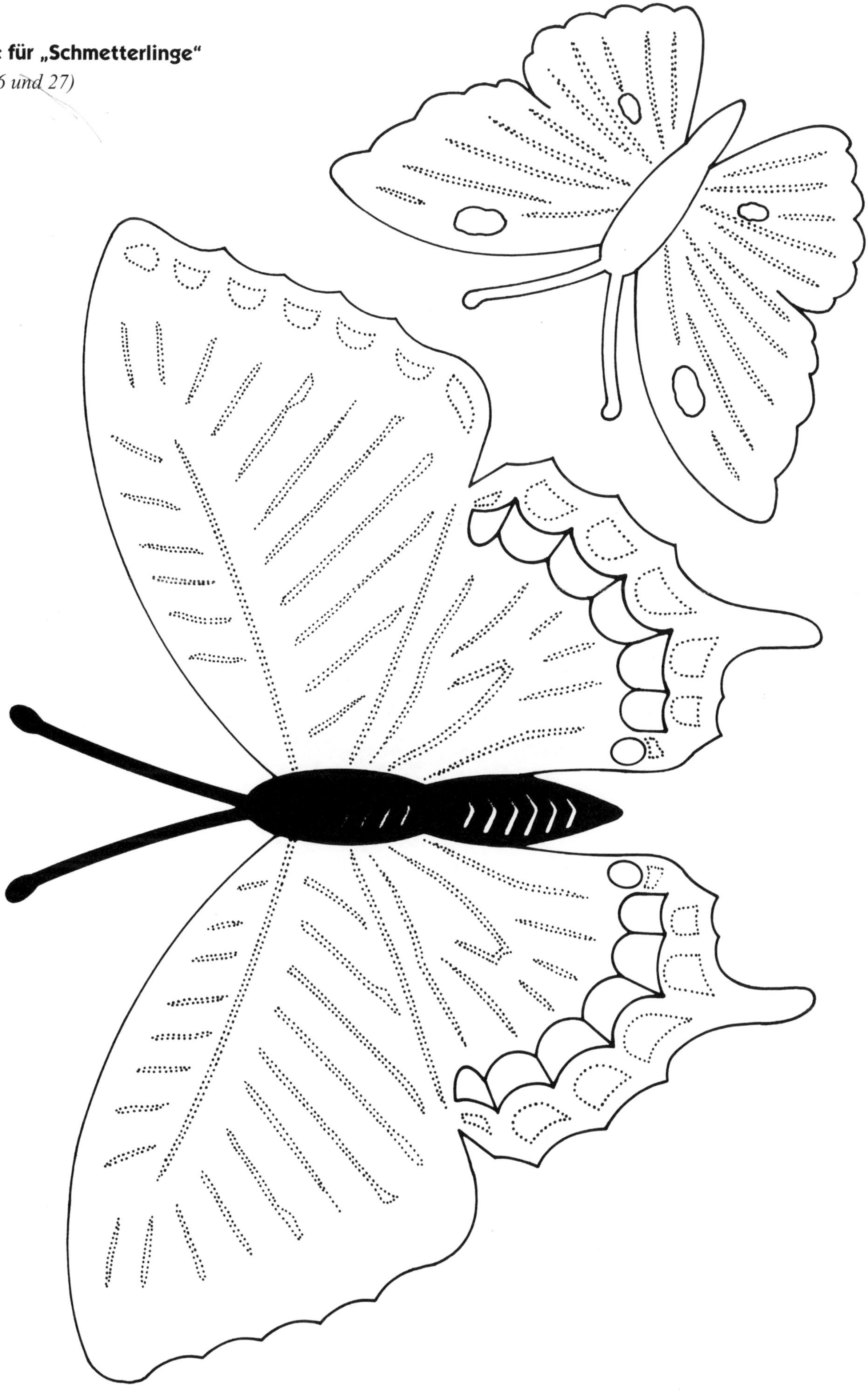

Vorlage für „Schmetterlinge"

(Seite 26 und 27)

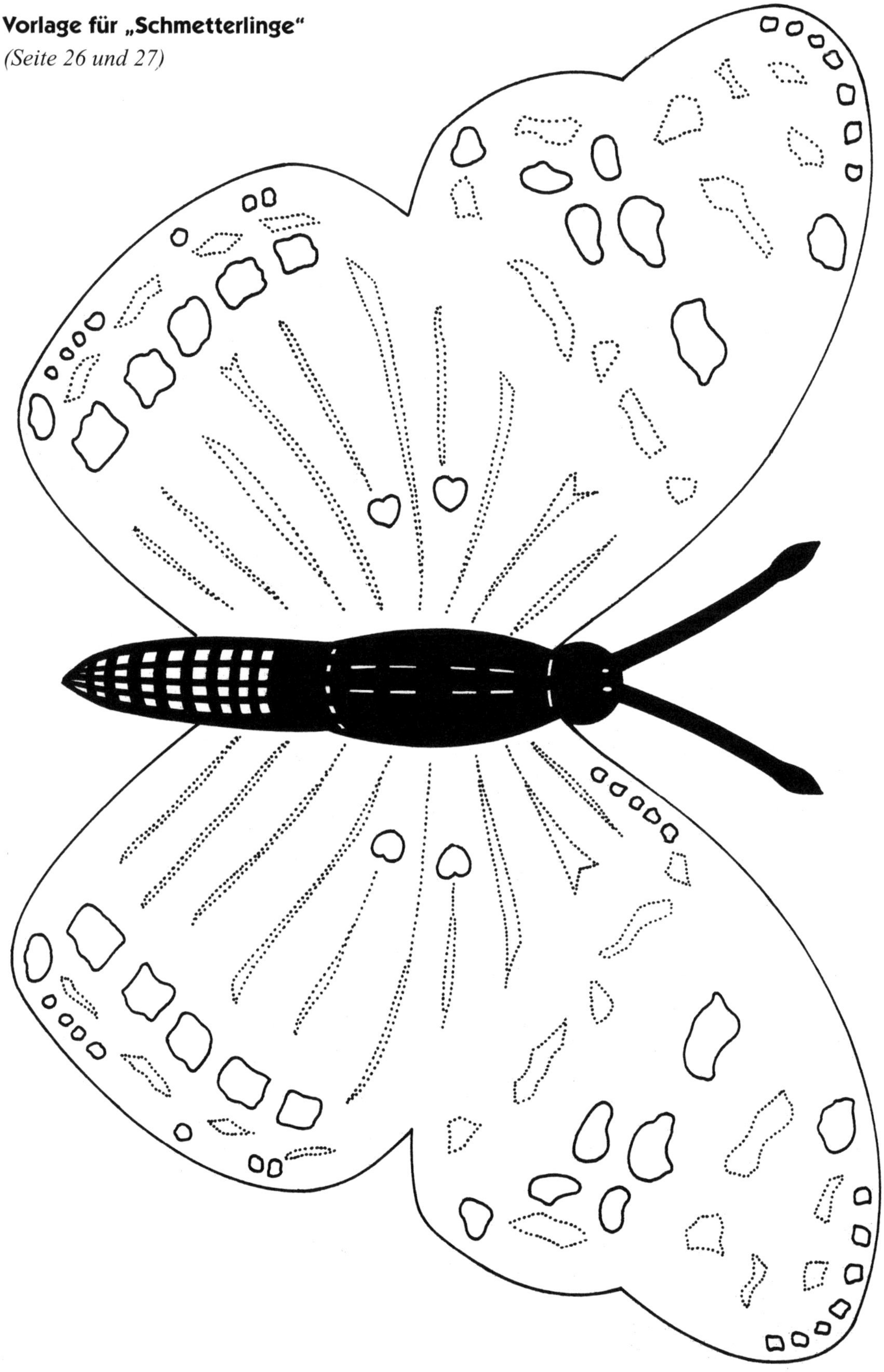

Vorlage für „Pippo"
(Seite 30)

Vorlage für „Merlin"

(Seite 31)

Vorlage für „Otto"

(Seite 32)

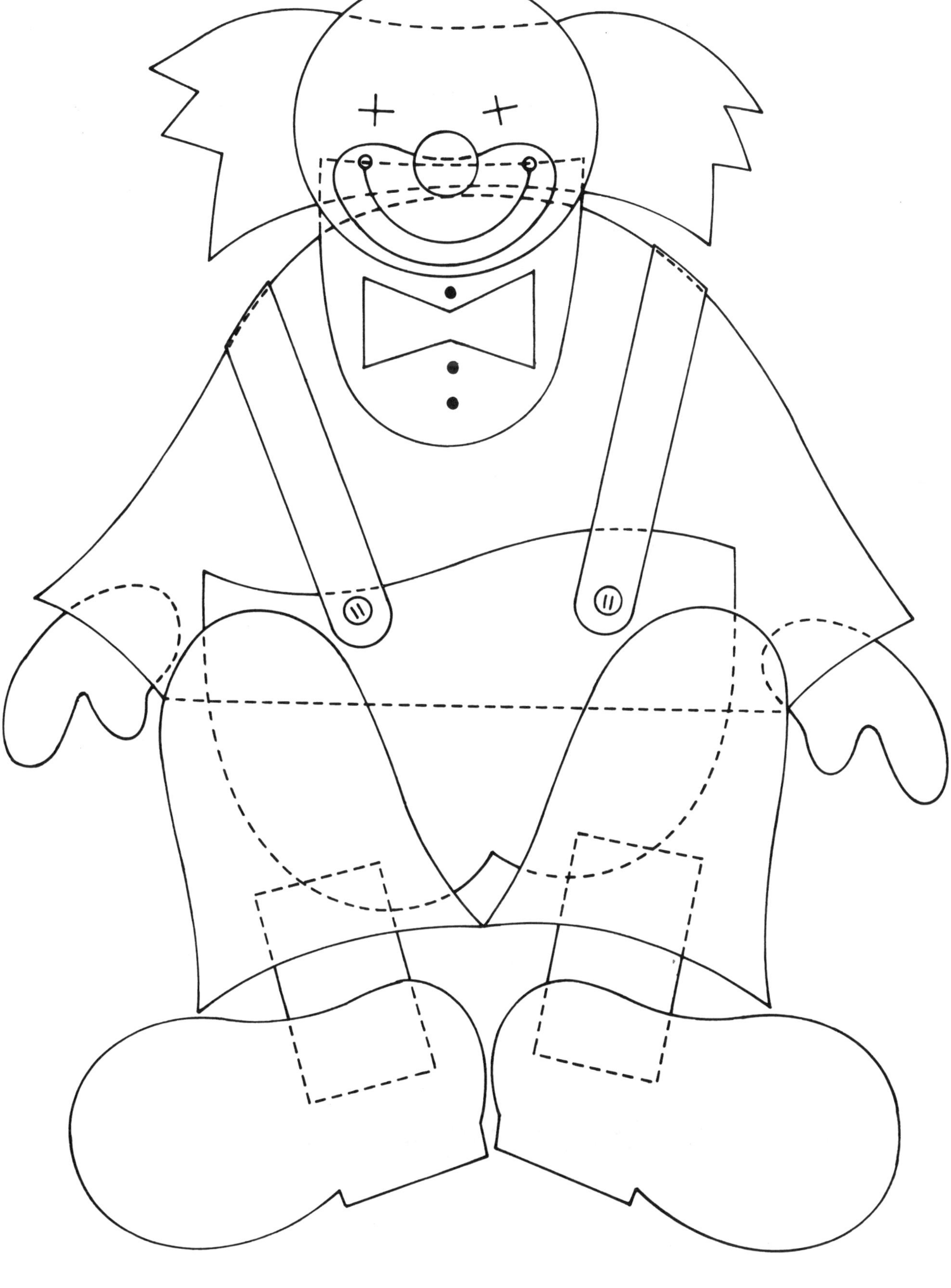

Vorlage für „Oskar"

(Seite 33)

Vorlage für „Rosa“

(Seite 34)

Vorlage für „Ronaldo"

(Seite 35)

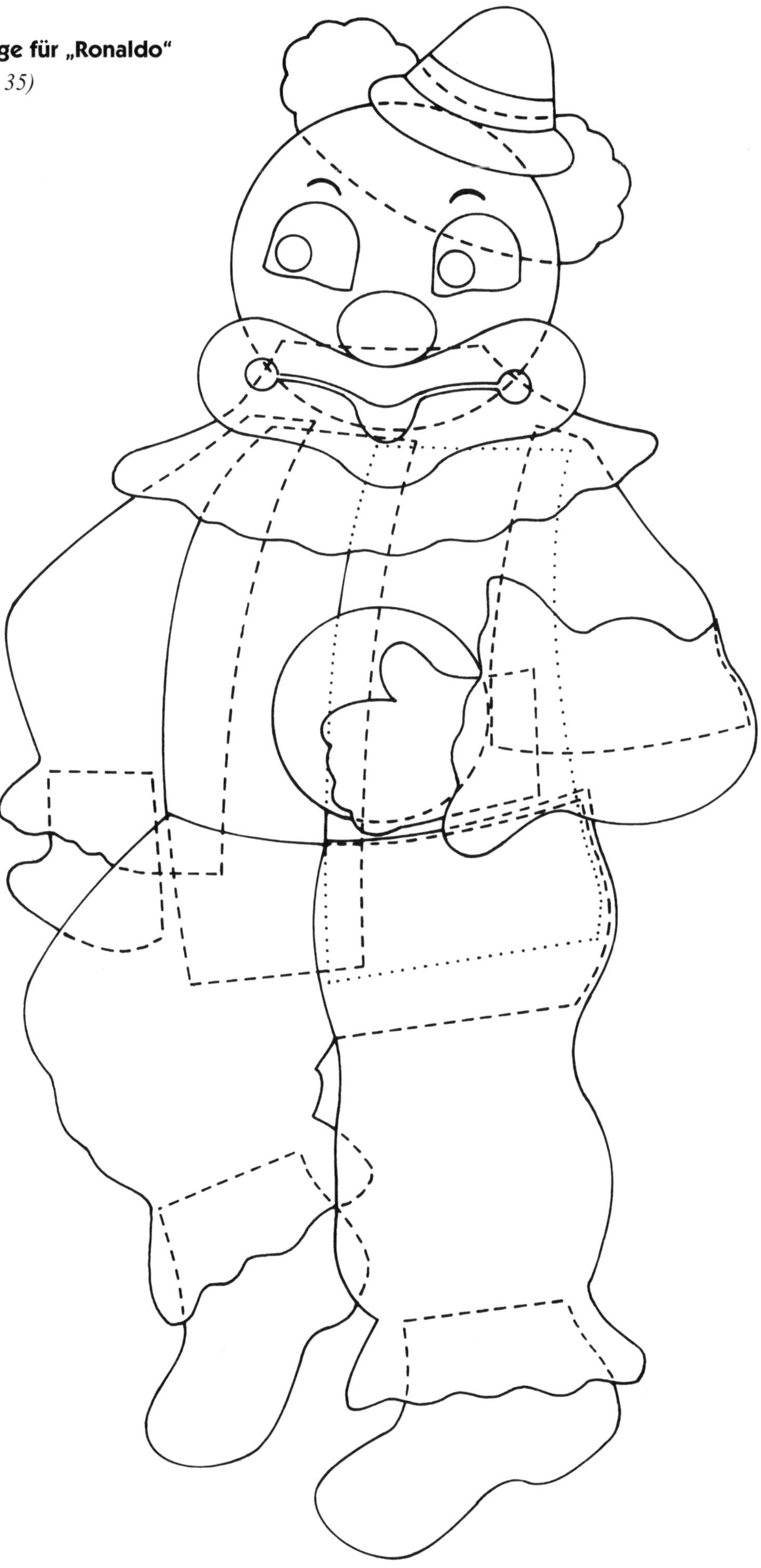

Vorlage für „Pumuckl"

(Seite 36)

Vorlage für „Pipps“

(Seite 37)

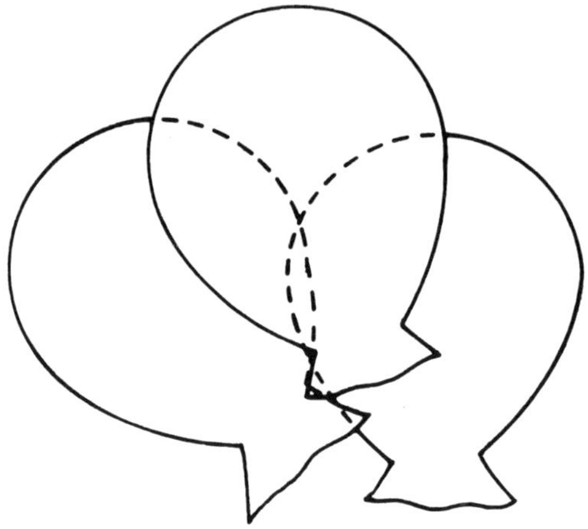

Vorlage für „Blumenkörbchen“

(Seite 40)

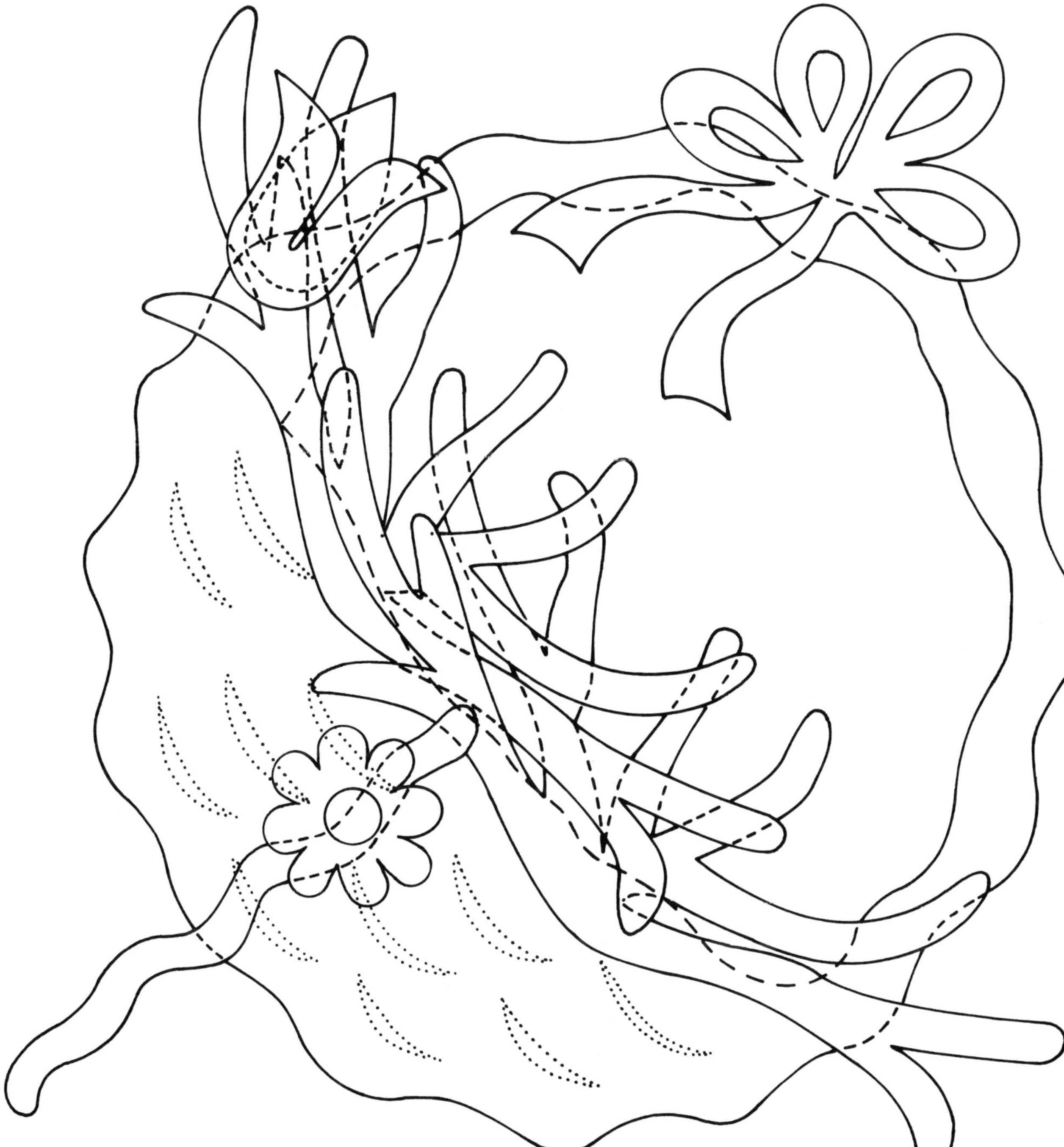

Vorlage für „Blumenballerina"

(Seite 41)

Vorlage für „Blütenbogen“

(Seite 42)

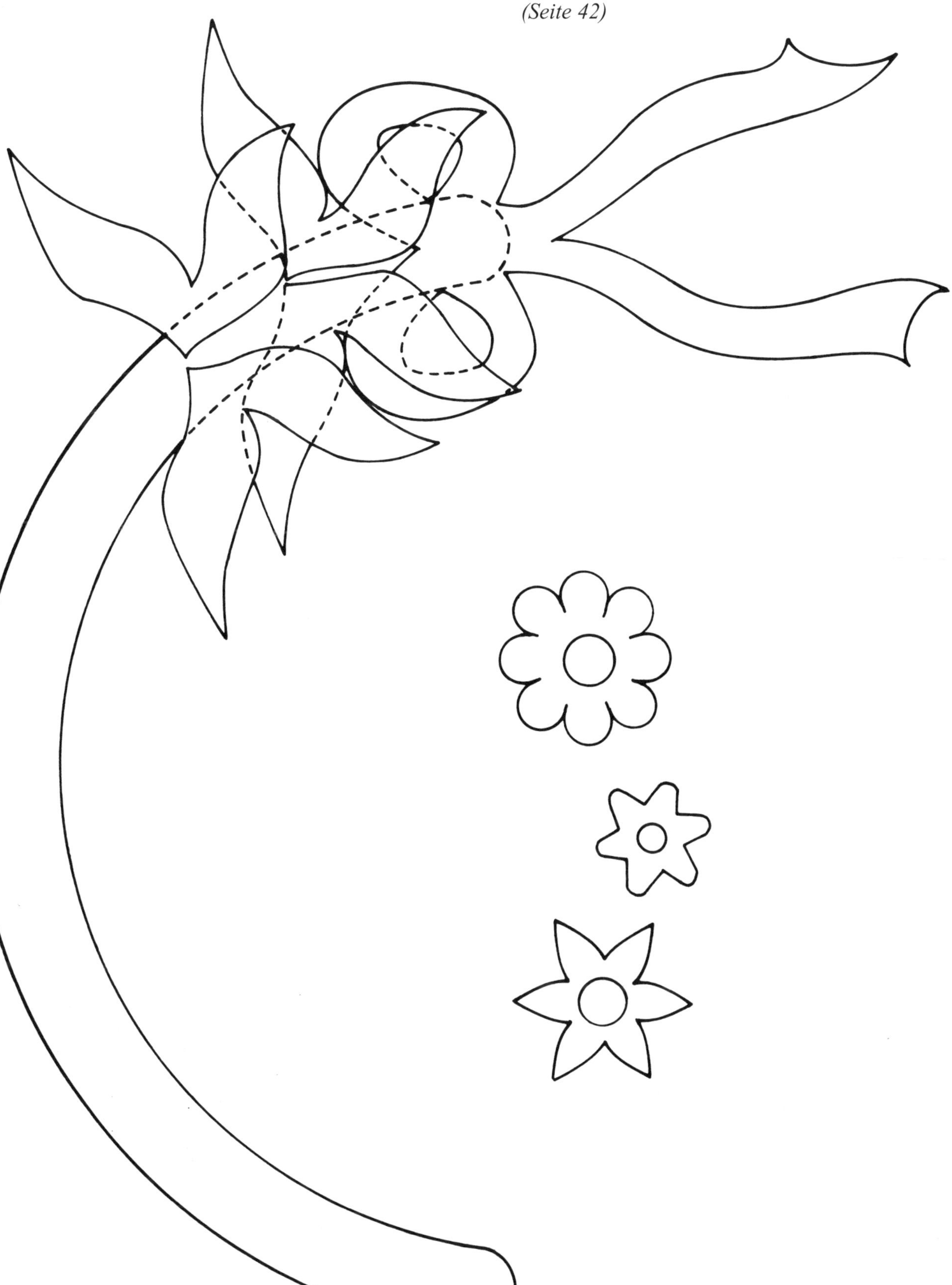

Vorlage für „Blumenfenster"

(Seite 43)

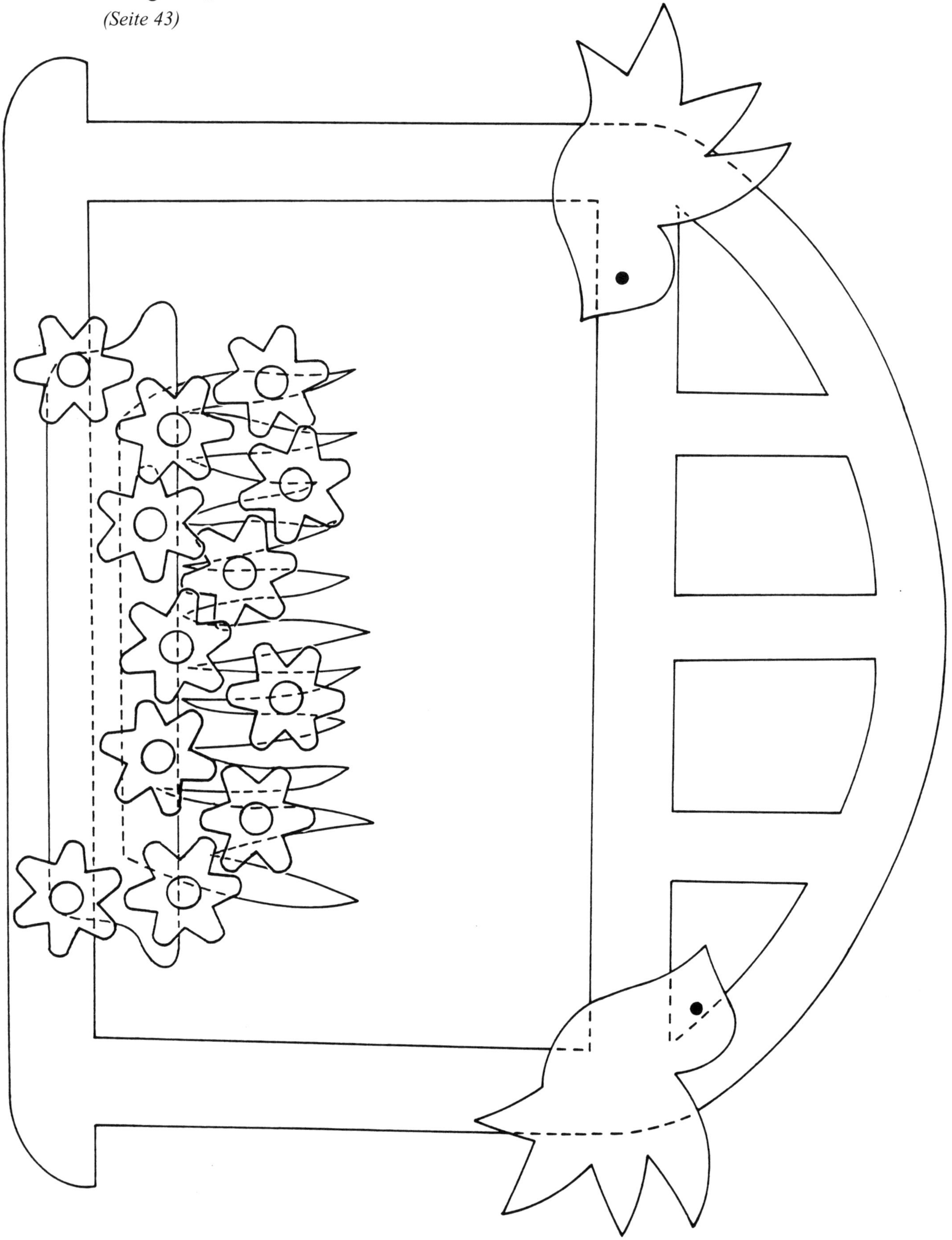

Vorlage für „Blütenkranz“

(Seite 44)

Vorlage für „Sonnenblumen"

(Seite 45)

Vorlage für „Mohnblumenkranz"

(Seite 48)

Vorlage für „Osterglocken"

(Seite 49)

Vorlage für „Blumen im Rahmen“

(Seite 50)

Vorlage für „Sommerstrauß"

(Seite 51)

Vorlage für „Eiertransport“

(Seite 54)

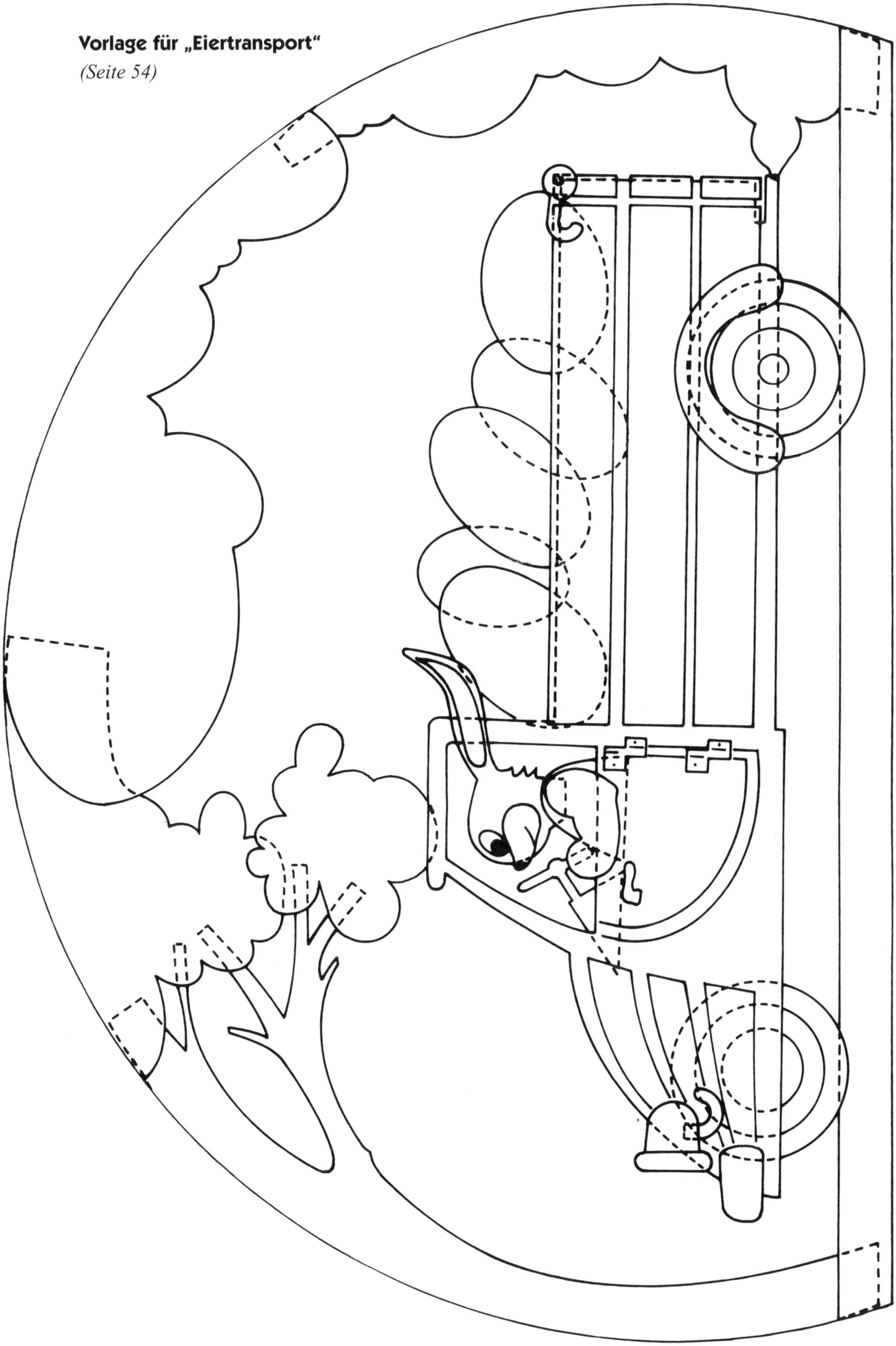

Vorlage für „Hasenhubschrauber“

(Seite 55)

Vorlage für „Osterhase Klecksel"

(Seite 56)

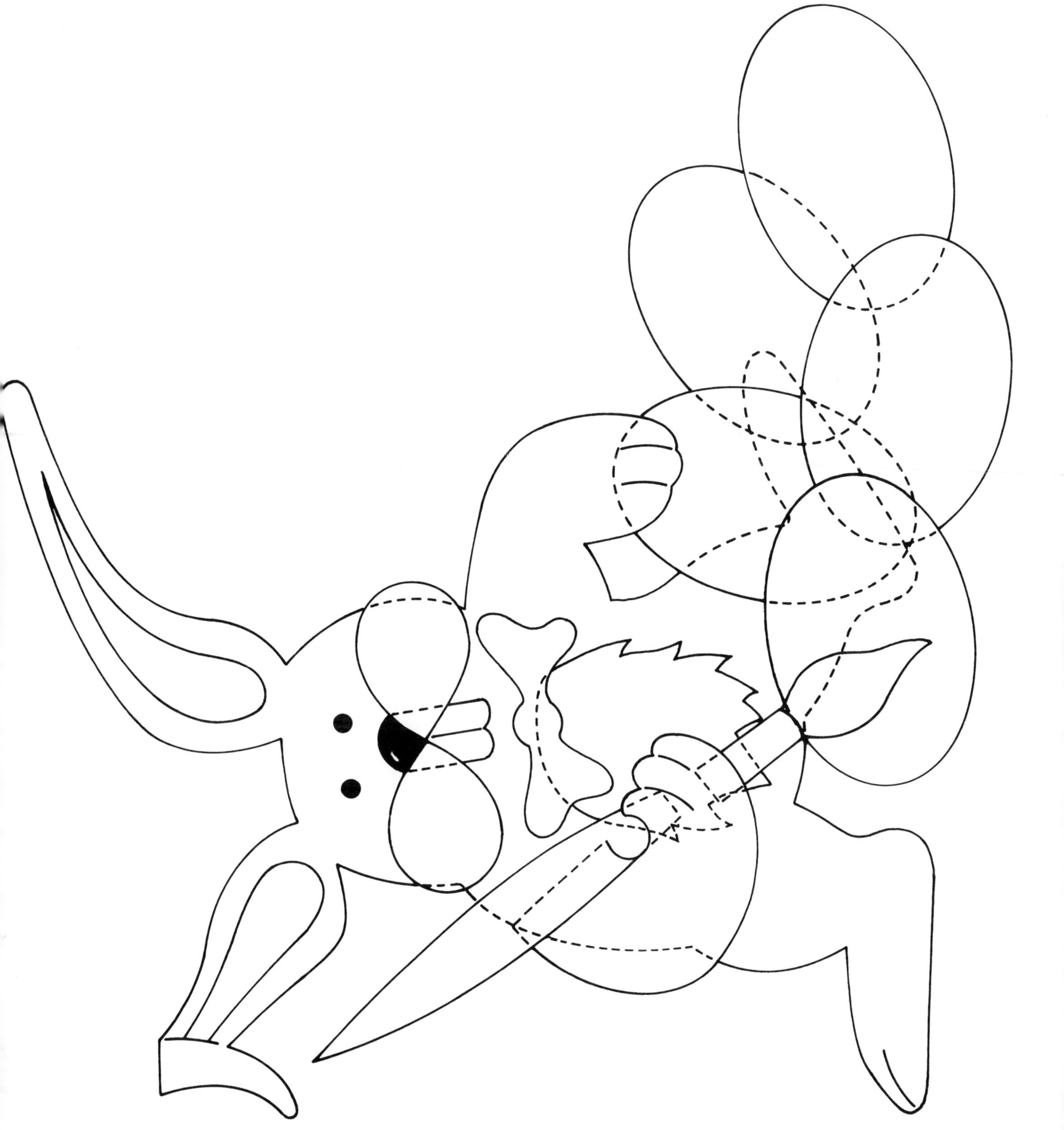

Vorlage für „Hasenkinder“

(Seite 57)

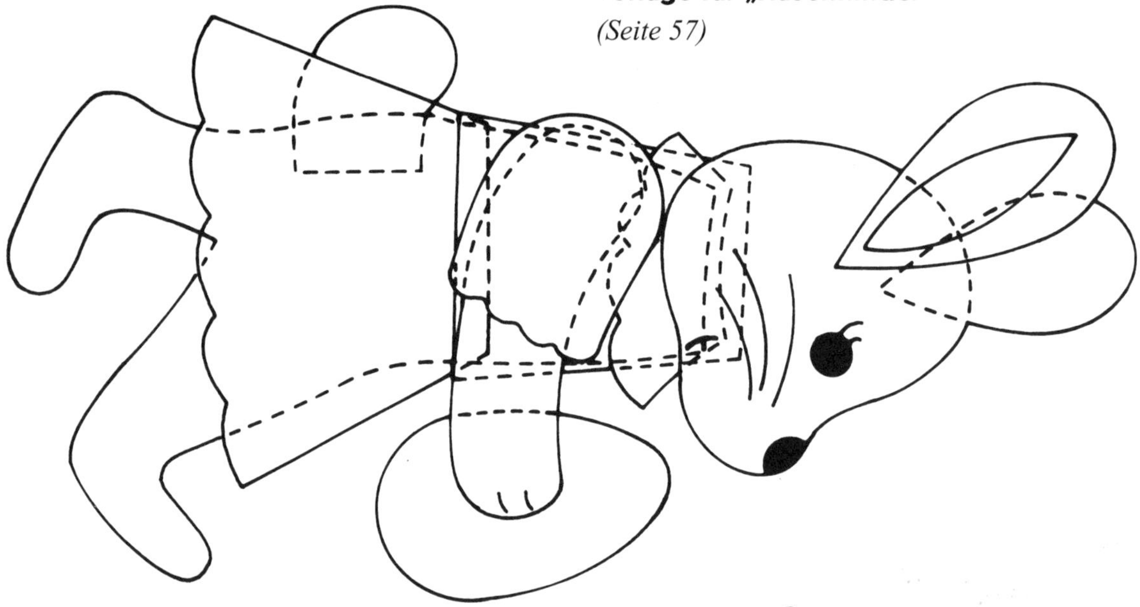

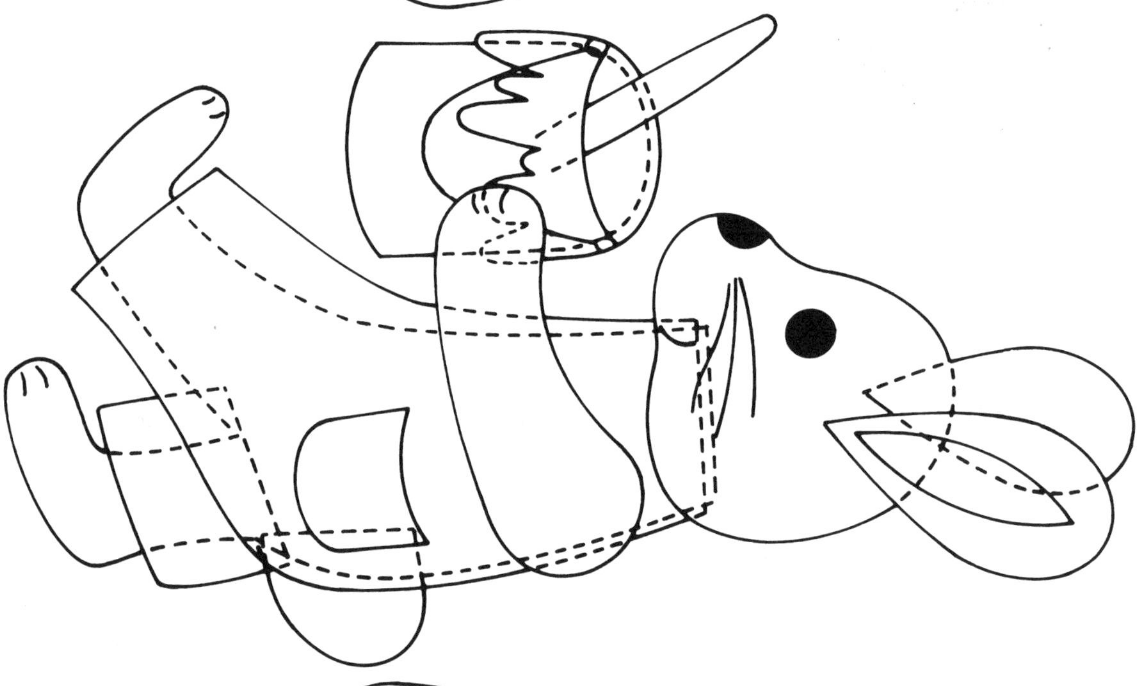

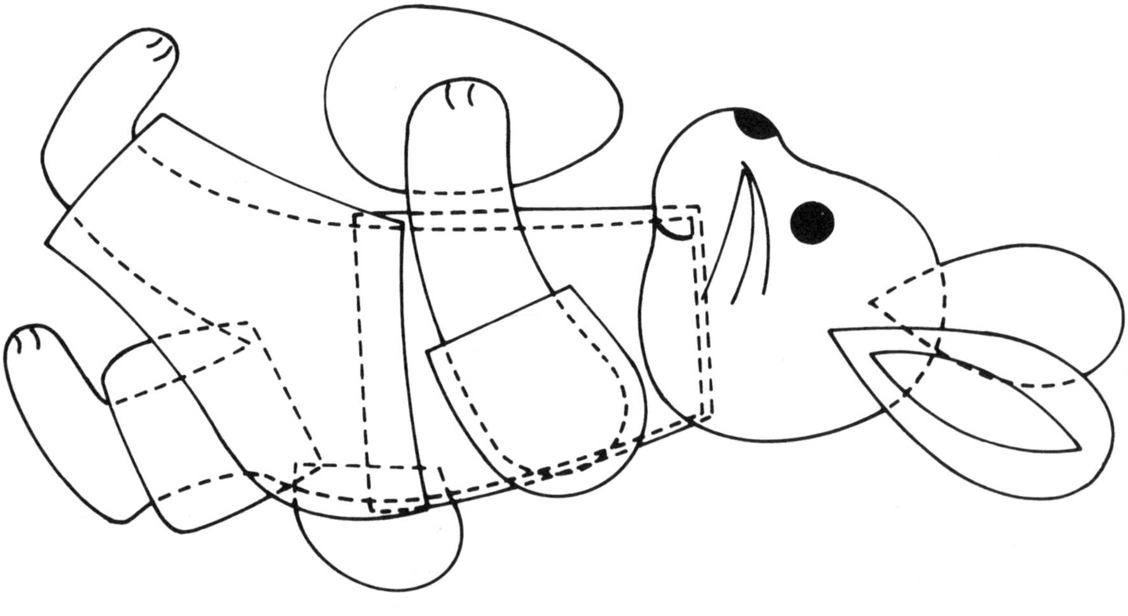

Vorlage für „Eiköpfer"

(Seite 58)

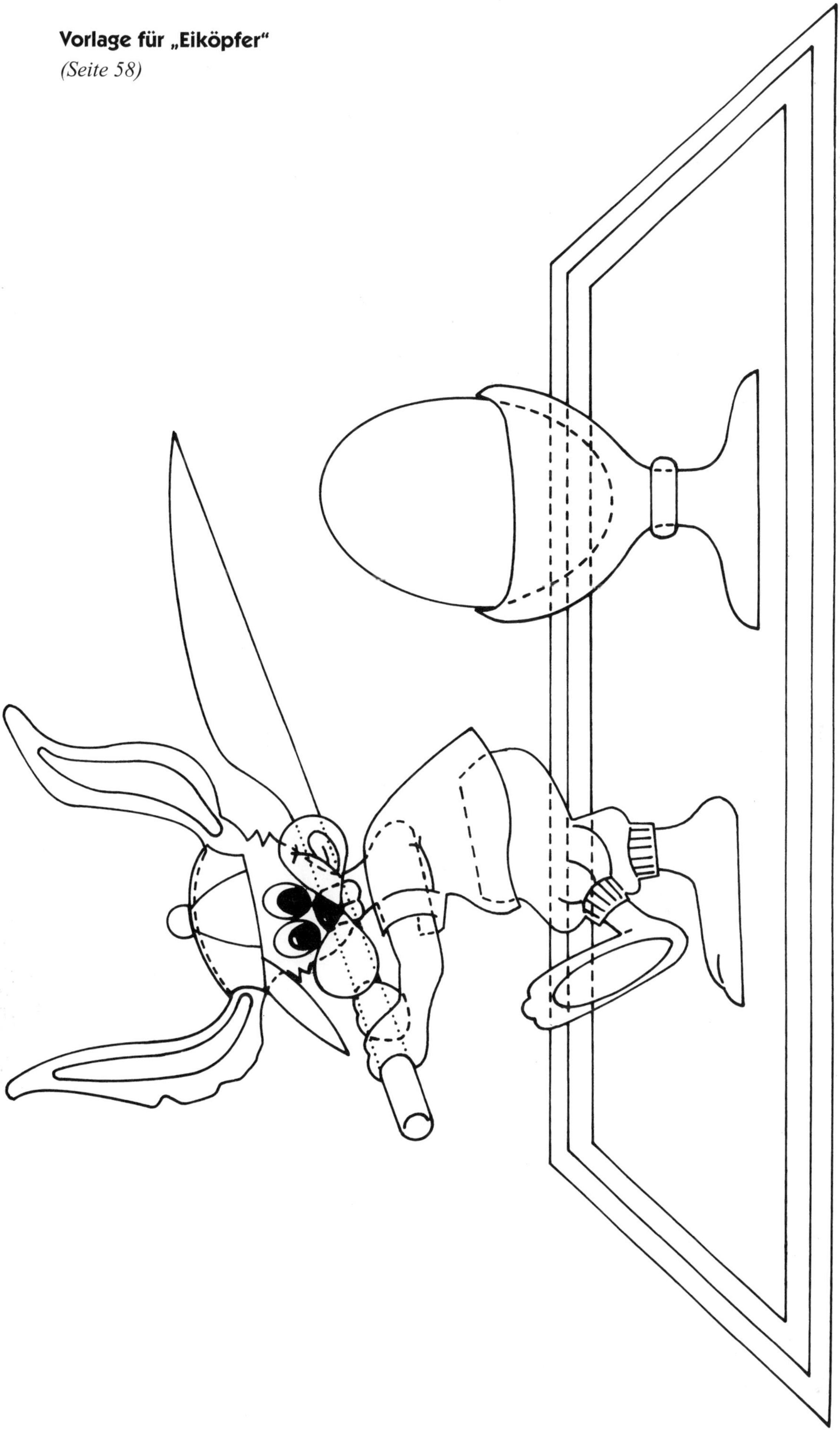

Vorlage für „Hasenpower"

(Seite 59)

Vorlage für „Hoppelhäschen"
(Seite 60)

Vorlage für „Gunnar Gans“

(Seite 61)

Vorlage für „Weihnachtsfenster"

(Seite 64)

Im FALKEN Verlag sind zahlreiche Titel zum Thema „Fensterbilder“ erschienen.
Sie sind überall dort erhältlich, wo es Bücher gibt.

Dieses Buch wurde auf chlorfrei gebleichtem und säurefreiem Papier gedruckt.

Folgende Künstler und Künstlerinnen haben an diesem Buch mitgewirkt:
Heidi Dopheide: S. 15
Rita Gersch: S. 30, 45, 57
Meike Hoppe: S. 22–25, 31–33
Dieter Köhnen: S. 34–37, 54–56, 58/59
Monika Neubacher–Fesser: S. 16–21, 60/61, 66 68/69
Doris Ritschel: S. 26/27, 46–51, 64/65, 70/71
Helma Rossow: S. 14, 40–44, 67

ISBN 3 8068 2354 5

Umsclaggestaltung: Peter Udo Pinzer
Layout: Horst Bachmann
Redaktion: Uta Koßmagk
Herstellung: Ulrich Klein, Sabine Vogt
Titelbildmotiv: Monika Neubacher-Fesser
Fotos: Jochen Beyersdorfer, Kronb erg (S. 1–7, 12–71, 112); Falken Archiv (Dieter Köhnen, Mönchengladbach: S: 11; Photo Illustrations, London: S. 8, 9 und Umschlagrückseite)
Reinzeichnung des Vorlagebogens: Daniela Schneider, Frankfurt

Gesamtkonzeption: FALKEN Verlag, D-65527 Niedernhausen/Ts.

048590296X817 2635 4453 6271